NOTICE

SUR

le Conditionnement des Soies,

PAR LE PROCÉDÉ

DE LA DESSICATION ABSOLUE.

NOTICE

SUR LE

CONDITIONNEMENT DES SOIES,

PAR LE PROCÉDÉ

DE LA DESSICATION ABSOLUE,

EMPLOYÉ A LA

Condition Unique et Publique

DE LA VILLE DE LYON.

EN EXÉCUTION DE L'ORDONNANCE DU ROI DU 25 AVRIL 1841.

Imprimé par ordre

DE LA CHAMBRE DE COMMERCE DE LYON.

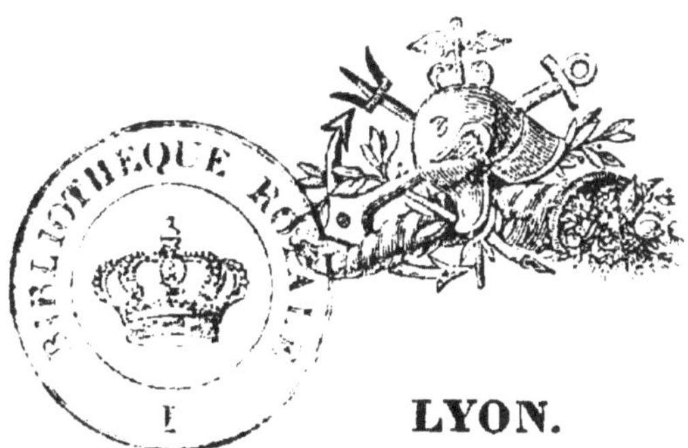

LYON.

IMPRIMERIE DE BARRET,

PLACE DES TERREAUX, 20.

1842.

NOTICE

SUR LE CONDITIONNEMENT

DES SOIES.

Ramener toutes les soies à un état de siccité uniforme, doit être le but d'un établissement de Condition des soies.

Le prix élevé de cette matière première, et sa propriété naturelle d'absorber et de retenir facilement une assez grande quantité d'eau, firent sentir, dès long-temps, la nécessité de trouver un moyen de lui enlever l'humidité dont elle pouvait se charger au-delà de celle que comporte son état naturel et normal.

Le premier et le seul procédé mis en pratique, jusqu'à ce jour, pour obtenir ce résultat, soit en France, soit à l'étranger, se trouve expliqué avec détail dans le décret du 15 avril 1805, qui créa une Condition publique et unique des soies à Lyon.

Ce procédé, qui a pour principe de faire sécher la soie pendant un certain nombre d'heures dans une température fixe de chaleur, est ainsi spécifié dans l'article 3 de ce décret:

« On établira dans les chambres destinées pour « cette condition publique, par le moyen de poê-

« les ou fourneaux, une chaleur constante de 16 « à 17 degrés du thermomètre de Réaumur, lors-« que le baromètre sera entre 28 et 27 pouces; « à 18 degrés, lorsque le baromètre sera à 27 « pouces, et à 19 ou 20, lorsque le baromètre « sera entre 27 et 26 pouces, afin que l'excédant « de chaleur soit capable d'absorber l'augmenta-« tion d'humidité de l'atmosphère désignée par « la situation du baromètre : si on peut parve-« nir à construire un hygromètre d'une gradua-« tion sûre et comparative, on en fera usage de « préférence au baromètre (1). »

La soie, à l'instant de sa vente, est donc apportée à la Condition pour être exposée dans les salles dont il vient d'être fait mention, et doit y séjourner vingt-quatre heures, lorsqu'elle est montée ou pliée en organsin, et quarante-huit heures, lorsqu'elle l'est en trame.

Si, à la fin de cette première condition de vingt-quatre heures, pour l'organsin, le ballot que l'on pèse avec soin n'a pas perdu, en séchant, plus de 2 1/2 p. 0/0 de son poids d'entrée, il est rendu au déposant, et le dernier poids reconnu constitue celui de condition ou poids marchand à facturer par le vendeur à l'acheteur; s'il a perdu

(1) L'article 1er d'un autre décret du 17 avril 1806 portait :
« La chaleur des salles de la Condition sera, comme par le passé, « quelle que soit la situation du baromètre, maintenue de 18 à 20 « degrés du thermomètre de Réaumur. »

plus de 2 1/2 p. 0/0 et moins de 4 1/2 p. 0/0, il est soumis à une nouvelle condition ou dessication de vingt-quatre heures; s'il a perdu enfin, dans les premières vingt-quatre heures, plus de 4 1/2 p. 0/0, il est soumis à une nouvelle condition de quarante-huit heures : dans ces deux derniers cas, quelle que soit la seconde diminution, quelle que soit aussi celle d'un ballot de trame, au bout de quarante-huit heures, unique terme mis à son conditionnement, les poids en sont constatés et deviennent ceux de condition ou marchands.

La manière dont la soie doit être placée, pour sécher dans la Condition, est également déterminée par le décret précité : elle consiste à suspendre les trames, en raison de leur pliage, à des tringles en fer, et à étaler les matteaux d'organsin sur des toiles métalliques ou grillages en fil de fer, tenus par des cadres en bois ; on enferme ensuite les soies, ainsi disposées, dans de grandes cases grillées, fermées par un scellé, et placées dans les salles chauffées comme il est dit plus haut.

Vices et inconvénients de cet ancien mode de conditionnement.

A peine ce mode de dessication ou condition fut-il mis en pratique, que l'on eut à constater, dans ses résultats, les variations assez grandes qui se présentent encore journellement. Lorsque le vent du nord souffle et que le temps est sec, la soie se dessèche beaucoup; les ballots d'organsin doivent fréquemment subir la seconde condition de vingt-quatre ou de quarante-huit heures; le vendeur se plaint que ses intérêts sont froissés par une dessication trop rigoureuse. S'il fait, au contraire, un temps humide, accompagné de vent du midi, de pluie ou de brouillards, l'effet inverse a lieu; la soie ne se conditionne point, ne sèche pas, et l'acheteur éprouve un préjudice notable en payant 2 à 3 p. o/o d'eau sur une matière de 75 à 80 fr. le kilogramme, et quelquefois même beaucoup plus cher.

On remarque aussi qu'à température égale, la soie perd beaucoup plus à la Condition, lorsqu'il y en a peu dans l'établissement, c'est-à-dire, lorsque toutes les cases d'une même salle ne sont point garnies : elle perd beaucoup moins dans le cas contraire.

Dans la même salle, on remarque encore que les ballots perdent plus ou moins, selon leur position relative, par rapport aux poêles, aux portes, aux fenêtres, aux soupapes destinées au renouvellement de l'air. Ceux placés près des portes, reçoivent naturellement plus de ventilation par l'entrée fréquente des employés pour le service des salles, et perdent plus d'humidité que ceux qui se trouvent dans les angles ou éloignés de toute ouverture. Ainsi, il peut arriver, par exemple, que deux ballots d'organsin, provenant de la même soie, du même moulin, et étant conditionnés simultanément, mais l'un dans la case la plus rapprochée de la porte d'entrée, et l'autre, dans celle qui en est la plus éloignée, peuvent sortir de l'établissement avec une différence de 3 p. o/o entre leurs pertes en condition : car le premier ballot, séchant beaucoup plus que le second par le seul effet de leur position respective, peut perdre plus de 2 1/2 p. o/o dans les premières vingt-quatre heures, et devenir en conséquence passible d'une nouvelle condition de vingt-quatre ou de quarante-huit heures, que le second ballot éviterait. Cet effet est suffisant pour lui faire perdre jusqu'à 3 p. o/o de plus que le dernier; c'est là, sans contredit, un très-grave inconvénient, qui ne peut manquer d'amener de fréquentes perturbations dans les calculs du prix de revient du vendeur et de l'acheteur.

Il résulte aussi de ce que les cases étant disposées en assez grand nombre dans les salles de la Condition, l'arrivée et le placement continuel de ballots nouveaux apportent, à chaque instant, une humidité qui est absorbée par les soies dont le conditionnement est prêt de finir, et en augmente le poids : de sorte qu'un ballot, deux ou trois heures avant d'être retiré, peut être sensiblement plus sec que deux ou trois heures plus tard, lorsque vient l'instant de le lever.

D'autres anomalies donnent encore lieu à d'autres difficultés : par suite d'un changement de temps un peu subit, du sec à l'humide, ou par le placement dans son voisinage d'un ballot frais apporté à la Condition, un ballot d'organsin qui subit la seconde condition de vingt-quatre heures, que l'on appelle *repassage*, absorbe de l'humidité dont l'atmosphère s'est subitement chargée, ou en prend du nouvel arrivant, de sorte qu'il peut sortir avec moins de perte, après quarante-huit heures, qu'il n'en aurait présenté à la fin des vingt-quatre premières.

D'autres fois encore, le ballot étant levé à la fin du temps prescrit pour le conditionnement, mais n'étant pas immédiatement rendu à son propriétaire, parce que celui-ci ne le fait pas retirer de suite, il continue à sécher dans le magasin d'entrepôt de la Condition, et cette diminution nouvelle crée un juste motif de mécontentement, qui peut aller jusqu'à donner de l'inquiétude sur la conservation du contenu du ballot dans toute son intégrité.

Tous ces différents cas se présentent fréquemment, et tous ont pour cause l'avidité que la soie a pour l'eau, si on peut se servir de cette expression. Des expériences récentes ont démontré que cette matière, dans son état naturel et dans les pays les plus secs, soit lorsqu'elle a été filée, soit lorsqu'elle est encore en cocon, contient une quantité d'eau qui n'est pas moindre de 10 pour % de son poids, et que, si on lui en ajoute par quelque moyen artificiel, ou en la suspendant dans une atmosphère humide, elle peut en absorber jusqu'à 24 et 28 p. o/o de ce même poids : il n'est donc pas étonnant qu'elle présente tant d'irrégularités dans son conditionnement.

On avait cru jusqu'aux premières expériences de M. Talabot, inventeur du système que nous expliquerons plus loin, que la soie sortait de la Condition publique à peu près complètement sèche, tandis qu'elle retient encore de 10 à 12 p. o/o d'eau, et souvent plus, ainsi que l'ont démontré des expériences de dessication sur des matteaux de soie qui venaient d'être conditionnés.

Ces variations dans les effets de la condition, suivant que le temps est sec ou humide, donnent encore lieu à des perturbations d'un autre genre. Les consommateurs attendent autant que possible, pour faire leurs achats, que le vent vienne du nord, et que le baromètre monte au beau. Lorsque ce temps favorable pour un conditionnement rigoureux arrive, tous achètent à la fois. L'établissement, suffisant pour des transactions régulières, ne peut plus satisfaire aux nombreux ballots qui sont apportés ; il s'encombre et garde dix, douze, quinze jours, des soies presque toujours attendues par le fabricant.

Les commandes de l'étranger, qui viennent simultanément pour des époques fixes, au renouvellement des saisons, donnent lieu à de nombreux achats, et occasionnent aussi de l'encombrement à la Condition, et par conséquent, un séjour plus ou moins long des ballots qui y sont apportés.

Indépendamment de la perte d'intérêt d'argent qui résulte de ce retard, le fabricant en éprouve un préjudice plus notable encore. En effet, le terme le plus court est presque toujours celui fixé pour l'exécution des commandes qui lui sont faites. Le délai assigné pour leur livraison est rigoureux ; s'il le dépasse d'un jour ou deux, il est exposé à voir sa marchandise laissée pour son compte et à subir bien souvent, par suite, une perte considérable. Ne pouvant s'approvisionner d'avance, parce qu'il ignore qu'elles seront la qualité et le titre de la soie qu'il devra employer, il lui importe essentiellement de pouvoir disposer immédiatement des soies qu'il achète.

Le marchand de soie et le moulinier propriétaire souffrent aussi de ces longueurs en condition; car le premier ne peut envoyer son compte de vente au second, qu'après que la Condition a fixé le poids à facturer.

La manière dont on dispose les soies dans la Condition, ainsi que nous l'avons expliqué, nécessite des manipulations qui les exposent à une avarie désignée sous le nom de *chaplé*. En les plaçant sur des tringles, ou des cadres en grillages de fer, de même qu'en les retirant, elles sont forcément exposées à des frottements qui occasionnent, quelques soins que l'on prenne, des cassures ou éraillures de brins, qui détériorent des flottes de soie que le fabricant fait lever, au mettage en mains, et rendre à son vendeur : il y a là un déchet, une perte qui retombe à la charge de ce dernier, et par contre-coup sur le moulinier. Quand il s'agit d'une matière d'un prix si élevé, il est bien important de prévenir toutes ces petites pertes qui contribuent à rendre plus redoutable la concurrence des fabriques étrangères analogues.

Pour terminer l'énumération des inconvénients de l'ancienne condition, nous dirons enfin que la santé des employés peut y trouver des causes d'altération; il règne dans les salles, en raison du degré de chaleur assez élevé qu'il faut y maintenir, une température sèche et malsaine ; l'air qu'on y respire est chargé d'émanations, souvent délétères, qui se dégagent des soies savonnées, huilées, ou chargées de substances étrangères; il l'est aussi d'une poussière fine, continuellement agitée par le mouvement qu'occasionnent l'arrivée, le placement et la levée des ballots. Il n'y a absolument aucune ventilation sensible, aucun renouvellement d'air, dans ces pièces immenses dont il est défendu de jamais ouvrir une croisée, et qu'il n'est pas permis non plus d'arroser quand on les balaye ou nettoie. Le garçon de garde (et le tour revient pour chacun une fois tous les six jours), chargé de surveiller et d'entretenir le feu des poêles, pendant la nuit, reste vingt-quatre heures de suite enfermé dans cette atmosphère méphitique. Il suffit de visiter l'établissement pour être saisi désagréablement par la chaleur et par l'odeur qu'on trouve dans les salles ; certaines personnes ne peuvent même y séjourner peu d'instants sans en être fatiguées.

Ainsi, dans l'ancien mode de condition, nous voyons de nombreuses et de grandes irrégularités, dues aux variations atmosphériques; des lenteurs dans l'exécution du conditionnement; des retards très-préjudiciables pour le fabricant acheteur, dans la réception de ses ballots; déchet ou avarie, dite *chaplé*, occasionnée par les manipulations nécessaires pour placer ou déplacer la soie dans la Condition, cause principale qui en éloigne les grèges; enfin, l'insalubrité des salles pour les employés qui y travaillent.

Le nouveau mode de conditionnement remédie à tous ces inconvénients : nous allons l'expliquer avec quelques détails.

NOUVEAU SYSTÈME

De conditionnement de la soie par la dessication absolue, adopté pour la Condition de Lyon, aux termes de l'ordonnance royale du 23 avril 1841.

Ainsi que nous l'avons dit, à peine l'ancien procédé de conditionnement fut-il mis à exécution, que l'on en reconnut les vices, et que la Chambre de commerce de Lyon chercha à y remédier. Elle appela, dans ce but, à son aide, les savants et les industriels que leurs connaissances spéciales ou pratiques pouvaient mettre à même de présenter des renseignements utiles ou des améliorations désirables. Dès 1807, elle s'occupait de réformer la Condition publique de Lyon, qui ne datait que de 1805, et jusqu'en 1831 toutes ses tentatives étaient demeurées infructueuses : à cette date, l'un de ses membres, M. Laurent Dugas, qui en était aussi le Président, s'étant trouvé en rapport avec M. Léon Talabot, de Paris. ancien élève de l'école polytechnique et ingénieur civil (qui s'occupait alors des appareils de chauffage et de ventilation du grand théâtre de Lyon), l'engagea à étudier l'importante question du conditionnement de la soie que la Chambre de commerce avait ainsi posée :

« Nous désirons obtenir un appareil qui fasse « disparaître les différences qu'on remarque dans « les résultats de la dessication par les moyens « actuels, soit au moment des grandes variations « de la température, soit par l'effet du contact « d'une balle de soie plus ou moins humide avec « une autre de la même matière plus ou moins « sèche, soit par toute autre cause accidentelle « quelconque ; et qui amène les choses au point « que toutes les parties de soie qui seraient, à « l'avenir, soumises à l'épreuve de la Condition, « en sortissent également sèches, quel que fût, « d'ailleurs, leur volume et leur état d'humidité « au moment où elles y seraient apportées. »

La Chambre demandait tout ce qui était nécessaire au commerce, *un degré de siccité uniforme;*

mais M. Talabot voulut de plus que *ce degré de siccité fût connu*, et que la proportion d'humidité restant dans la soie, à sa sortie de condition, *fût toujours connue et facile à vérifier.*

La question se présentait alors plus compliquée; mais une réponse complète devait aussi être beaucoup plus satisfaisante; et si la difficulté augmentait, l'effort de génie devait être plus grand pour la vaincre. M. Talabot trouva de suite une solution à ce problème difficile : il imagina de donner pour base au conditionnement le poids de la soie desséchée de la manière la plus absolue, poids nécessairement fixe et invariable tant que cette matière n'aurait éprouvé aucune altération. Cette idée lumineuse forme toute la théorie de son système : il fit ensuite construire des appareils nouveaux, nécessaires pour l'exécuter en pratique et en grand, comme l'exigeaient les besoins du commerce.

Il serait trop long de passer en revue, dans cette notice, toutes les phases des essais et des premières expériences de M. Talabot; nous nous bornerons donc à dire que, dans toutes, il obtint les résultats les plus concluants et les plus positifs. La Chambre de commerce de Lyon les porta, dès leur origine, à la connaissance des nombreux intéressés dans cette grande question, et, en novembre 1832, elle fit publier et distribuer aux producteurs de soie, aux mouliniers, aux marchands de soie et aux fabricants lyonnais, le premier travail de M. Talabot ayant pour titre : *Note sur un procédé nouveau proposé pour la Condition publique des soies de Lyon, par Léon Talabot frères, de Paris.* L'année suivante, elle faisait donner la même publicité aux expériences faites, en grand, de ce procédé, sous la direction de M. D'Arcet, envoyé pour y présider, par le comité consultatif des arts et manufactures de Paris, et en présence de nombreux commissaires lyonnais ou délégués par les différentes villes du Midi. Plus tard enfin, en 1839, et en dernier lieu en 1840, elle a fait publier et distribuer encore la relation de toutes les expériences confirmatives des premiers résultats, que de nouveaux conditionnements, opérés sur une plus vaste échelle, rendaient à la fois convaincants et précieux.

Nulle question industrielle ne fut jamais plus longuement discutée, plus minutieusement approfondie, ni combattue, d'autre part, avec plus de prévention par les hommes qui ne l'avaient point étudiée : car il est à constater qu'aucun membre des nombreuses commissions appelées à l'examen de ce système, n'a élevé le moindre doute sur sa précision et son exactitude, après l'avoir vu expérimenter. Nous nous abstenons d'expliquer la cause d'une si vive résistance, et nous entrons, de suite, dans l'exposition du procédé tel qu'il est définitivement ordonné, renvoyant aux diverses publications précitées les lecteurs qui voudraient approfondir la marche des essais qui y ont conduit.

Le nouveau mode de conditionnement a donc

pour base, ainsi que nous l'avons dit, la dessication absolue de la soie; mais cette dessication n'est point opérée sur le ballot entier : elle n'a lieu que sur une partie de la soie, et au moyen d'une règle de proportion, on rapporte le résultat ou l'effet de la condition partielle sur le ballot entier; ainsi on pèse d'abord brut le ballot de soie, et on en extrait la partie qui doit servir au conditionnement proportionnel, pendant qu'on vide le ballot pour en peser la tare et en déterminer le poids total net. Cette partie extraite doit se composer de trente matteaux ou échantillons, pris dans trente parties différentes du ballot (1). Ces trente matteaux ou échantillons sont divisés en trois lots, de dix chacun, que l'on pèse, de suite, avec des balances de la plus grande précision, *et à cinq milligrammes près.* La manière de prendre ces trente échantillons dans des parties différentes et bien distinctes du ballot, et leur distribution en trois lots donnent pour résultat, que chaque lot de dix matteaux représente exactement l'état hygrométrique du ballot tout entier. On dessèche d'une manière absolue deux de ces lots dans des appareils différents, et la concordance parfaite que l'on doit avoir entre les deux résultats, donne un moyen de contrôle pour le bon fonctionnement des balances et des appareils, et aussi pour le travail même des em-

(1) Voir à la page 45 une modification à cette disposition.

ployés chargés de ces opérations. On ajoute ensuite les poids d'entrée et les poids absolus de ces deux lots pour en faire une moyenne qui sert à calculer le poids absolu du ballot total. C'est donc la moyenne des deux lots, ou de vingt matteaux, qui sert de base à ce calcul que l'on pose ainsi : le poids des deux lots, avant leur mise en expérience, est à leur poids absolument sec, comme le poids net du ballot est à son poids absolu, proportion dans laquelle le dernier terme seul est inconnu.

Le troisième lot de dix matteaux est tenu en réserve, et il n'est soumis à la dessication qu'autant qu'il n'y a point concordance parfaite entre les deux lots éprouvés, c'est-à-dire, s'il y a plus d'une demie de différence entre leurs pertes au cent à l'*absolu*.

Ainsi, de chaque ballot on extrait trois lots de dix matteaux ou échantillons, et on en soumet deux seulement à la dessication absolue, sauf anomalie entre leurs résultats, cas qui se présente fort rarement et seulement sur des ballots exceptionnels contenant de grandes différences d'humidité entre leurs différentes parties.

Passons maintenant à la description de l'appareil dans lequel s'opère la dessication absolue, appareil qui n'a subi aucune modification depuis la première construction qu'en fit faire M. Talabot en 1832; il est vu de face, *pl.* I, *fig.* 1.

La partie AB est un casier en cuivre et zinc,

garni de sept tiroirs en bois; le numéro de gauche, sur chaque tiroir, est celui de l'appareil auquel il appartient, et celui de droite, son numéro d'ordre, en descendant. Le premier tiroir, qui ne porte aucun numéro, contient le complet assortiment de poids du kilogramme, avec les subdivisions du gramme, jusqu'à cinq milligrammes, et l'on en voit la projection horizontale, *fig.* 2, *pl.* II. Les quatre espaces circulaires, 1, 2, 3, 4, représentent les vides dans lesquels sont placés les poids de

500 grammes.
200 —
100 —
100

Le rang des huit ronds au-dessous, ceux des poids de

50 grammes.
20 —
10 —
10 —
5 —
2 —
2 —
1 —

Enfin le troisième rang de neuf ronds plus petits encore, ceux des poids de

5 décigrammes.
2 —
1 —
1 —

2 1

5 centigrammes.

2 —

1 —

1 —

5 milligrammes.

Le vide x est destiné à contenir les petites pinces i, dites *brusselles*, dont on se sert pour prendre les poids.

Les six autres tiroirs du casier, complètement évidés, sont destinés à recevoir les lots de soie qu'on extrait des ballots, et qui doivent passer à la dessication absolue dans l'appareil adjacent : comme il y a trois lots pour chaque ballot, un casier peut suffire pour deux ballots.

La partie MN, *fig.* 1, *pl.* I, est une tablette en fonte, supportant l'appareil et son casier, à 30 centimètres au-dessus du sol, au moyen d'un châssis en fonte. OP est une grande cloche cylindrique en cuivre, à double surface ou enveloppe, dont on voit la coupe horizontale suivant KL, dans la *fig.* 3, *pl.* II, en *mnmn*. Cette cloche OP n'est pas fermée par le bas, et n'est destinée qu'à recouvrir, pour y concentrer la chaleur, une seconde cloche intérieure, renversée, dont on voit en RS, *fig.* 4, *pl.* II, la coupe verticale suivant son axe. La cloche OP peut s'enlever au moyen de deux poignées en cuivre, diamétralement opposées. M'M" représentent celle de face.

La partie supérieure de la cloche OP, circulaire et légèrement convexe, a 52 centimètres de diamètre; elle est percée d'une ouverture de 42 centimètres de diamètre, qui se ferme à volonté, au moyen du couvercle TU, *fig.* 5, *pl.* II; ce couvercle est coupé, jusqu'à son centre, par une rainure EF, que l'on peut fermer par une petite plaque de cuivre CD, garnie en-dessous d'une saillie qui s'emboîte et glisse dans la rainure; au moyen de cette rainure, on peut ôter le couvercle, pour placer la soie, et le remettre sans toucher la tige de laiton GH, *fig.* 1, *pl.* I, qui la supporte dans l'appareil.

La coulisse CD, *fig.* 5, est coupée circulairement à l'extrémité qui va au centre du couvercle, pour laisser un passage à la tige GH *de*, *fig.* 1, *pl.* I, et aussi pour permettre à l'air de circuler entre les deux grandes cloches composant l'appareil; cet espace ou intervalle est représenté dans la coupe horizontale, *fig.* 3, *pl.* II, par *eeee*.

La cloche renversée RS, *fig.* 4, *pl.* II, est seule chauffée au moyen de la vapeur; elle est placée, comme il est indiqué, son ouverture en haut et sa partie inférieure fermée en forme à peu près hémisphérique. Cette cloche est aussi formée de deux surfaces ou enveloppes entrant l'une dans l'autre, de manière à laisser entre elles un vide de 2 centimètres d'épaisseur, désigné par *vvvv*, *fig.* 4, *pl.* II, et *v'v'v'v'*, dans la coupe, *fig.* 3, *pl.* II. Ces deux enveloppes sont soudées ou tenues, à leur partie supérieure, par une rondelle en fer, dont on voit l'épaisseur en I et Q de la coupe verticale, *fig.* 4, *pl.* II.

C'est dans l'espace vide *vvvv*, laissé entre les deux surfaces intérieure et extérieure, formant l'épaisseur de la cloche RS, que circule la vapeur destinée à chauffer l'appareil. Elle y est amenée, de la chaudière génératrice, au moyen d'un tube de cuivre *abcde*, et s'y introduit par une ouverture *e*, latérale à la partie supérieure; elle en sort, ainsi que l'eau de condensation qui se forme, par une ouverture inférieure *h*, et le tube *hgf* la conduit au réservoir qui sert à alimenter d'eau la chaudière.

On voit, *fig.* 1, *pl.* I, en-dessous de l'appareil, ces deux tubes, conducteurs de vapeur, *f'g'*, *a'b'* : des robinets désignés *fig.* 4, *pl.* II, par *u* et *t*, et *fig.* 1, *pl.* I, par *u't'*, permettent ou interceptent la circulation de la vapeur, et par conséquent le chauffage de l'appareil.

L'espace vide *vvvv*, formant l'épaisseur de la cloche RS, *fig.* 4, *pl.* II, est hermétiquement fermé, à l'exception des deux orifices *e* et *h*, de sorte qu'aucune humidité provenant de la vapeur ne peut se répandre dans l'appareil. La cloche RS est tenue dans la position indiquée par trois tiges de fer, dont l'une est représentée par *pq*.

Lorsque la vapeur, en circulant, échauffe les parois de la cloche RS, et que celle-ci est recouverte par la grande cloche extérieure OP, *fig.* 1, *pl.* I, la température de l'intérieur de RS s'élève facilement à 108 degrés centigrades, c'est-à-dire, à 8 degrés au-dessus de la température de l'eau bouillante, degré de chaleur nécessaire pour arriver à la dessication absolue.

Les dix échantillons du lot de soie à dessécher, sont suspendus à un petit cercle de laiton, *fig.* 6, *pl.* III; chaque échantillon, ou matteau, est déplié et fixé à un petit crochet. Vers le bas, ces dix échantillons sont légèrement serrés par un fil *ff'*, pour les empêcher de toucher la paroi latérale intérieure de la cloche RS, *fig.* 4, *pl.* II, dans laquelle on place le tout de la manière suivante: la tige GH, *fig.* 1, *pl.* I, se compose de deux parties : la première G*a* se termine en *a* par un petit anneau, la seconde *a*H n'est autre que le commencement de *aa'*, *fig.* 6, *pl.* III, qui supporte les matteaux à dessécher, et qui, au moyen d'un petit crochet en *a*, se suspend à G*a*; de sorte qu'en séchant, la soie est suspendue à l'extrémité G d'un des bras du fléau d'une balance. On comprend qu'il est facile, au moyen de cette balance, de peser le lot de soie, à tel instant que l'on veut de sa dessication, sans avoir besoin de le détacher ni sortir de l'appareil; il serait d'ailleurs impossible de le faire à l'air libre, à la fin de l'opération, d'une manière sûre et précise, en raison de l'humidité répandue dans l'atmosphère dont la soie s'emparerait de suite.

On voit aussi, *fig.* 7, *pl.* III, le montant en fer qui supporte la balance DCCD tel qu'il se présenterait, l'appareil étant vu de côté et la balance de profil : MN, dans cette figure, présentent la tablette en fonte dans toute sa largeur.

Un tuyau coudé *rsz*, *fig.* 4, *pl.* II, muni d'une clef *y* qui peut le tenir ouvert et fermé, sert à établir une communication entre l'air de la salle et celui compris entre les deux cloches OP, RS, lorsqu'elles sont disposées pour le fonctionnement de l'appareil. Il s'établit alors un courant d'air qui entre par l'ouverture *z* de ce tube, et sort par l'ouverture circulaire du couvercle de la cloche OP : c'est par ce courant d'air qu'est entraînée l'humidité qui se dégage de la soie.

XY, *fig.* 1, *pl.* I, est un double cercle ou espace annulaire, contenant du sable fin sur lequel repose la cloche OP, de manière à former un obturateur qui garantit l'intérieur de tout refroidissement : les mêmes lettres XY, *fig.* 4, *pl.* II, représentent la section de cet espace annulaire par un plan vertical.

V, *fig.* 8, *pl.* II, représente la coupe horizontale suivant KL, *fig.* 1, *pl.* I, du tiroir numéro 3 et du casier. C'D', *fig.* 3, *pl.* II, sont les coupes, par le même plan, du montant en fer, support de la balance. Nous avons déjà dit que la *fig.* 7, *pl.* III, le représentait vu de côté par DC CD : *pp'* dans cette dernière *fig.* 7, *pl.* III, est le bouton de la balance.

Ces explications données, nous continuerons l'exposé de la manière dont on procède.

Au moment où la soie, soumise à la dessication absolue, cesse de dégager de l'humidité, on le reconnaît, lorsqu'en mettant en jeu la balance on voit qu'elle reste stationnaire pendant une demi-heure; on l'arrête alors avec soin, et le poids qu'elle marque est celui dit *absolu*, ou de la soie complètement desséchée.

Cette opération n'a point de temps fixe pour sa durée, elle est continuée tant que la soie laisse dégager de l'humidité; de nombreuses expériences ont démontré que lorsque ce terme de dessication est obtenu, comme il vient d'être expliqué, la soie, laissée plusieurs heures de plus dans l'appareil, n'y éprouve plus aucune diminution de poids. Si on la plonge, en cet état, dans un bain de suif de mouton fondu, chauffé à la température de 160 degrés, elle n'y occasionne aucun pétillement et n'y donne aucun indice de conservation de la plus faible particule d'humidité. Refroidie, mouillée et soumise de nouveau à la dessication absolue, elle revient identiquement au même poids. Cette dernière expérience faite, sur les mêmes matteaux, à sept années d'intervalle, en 1833 et 1840, a donné le résultat le plus parfaitement identique; ainsi nul doute que l'on n'arrive à une dessication complète, et que ce mode de dessication, appliqué plusieurs fois au même ballot placé dans diverses circonstances d'humidité, même à plusieurs années d'intervalle, ne donnât le même poids absolu. M. Talabot a donc trouvé la base fixe et invariable d'un conditionnement régulier, en adoptant ce poids absolu.

On a craint, d'abord, que la soie soumise à cette

dessication ne fût altérée; mais de nombreux essais ont prouvé qu'il n'en était absolument rien, et que la soie ne perdait aucune de ses qualités physiques : ainsi, à sa sortie de l'appareil, elle enlève instantanément de l'humidité à l'air ambiant et revient à son état primitif. Lorsqu'elle est parfaitement pure, elle n'éprouve qu'une imperceptible décoloration, elle pâlit très-légèrement et d'une manière inappréciable pour un œil non habitué à examiner des soies.

Les expériences, faites contradictoirement, au mois d'août 1840, en présence de plusieurs délégués des villes du midi de la France qui exploitent le commerce des soies, ont démontré, de la manière la plus évidente, que la grège la plus fine et la moins nerveuse, lorsqu'elle a subi la dessication absolue, avant même d'avoir repris plus de 6 p. o/o d'humidité, se dévidait mieux et était plus vite mise en train sur la tavelle, que la même soie conservée intacte et contenant 12 p. o/o d'eau ; le bout venait mieux, en terme de moulinage, et le brin était sensiblement gonflé.

Cette expérience a été répétée plusieurs fois et toujours avec le même succès. Elle a été étudiée avec d'autant plus de soin, qu'elle est tout-à-fait contraire à l'opinion généralement admise, qu'une grande chaleur altère la soie ; on a constaté aussi que son brin, qui a acquis plus de force, n'en a pas moins d'élasticité, et qu'il supporte une tension égale, un allongement identique à ce qu'il pourrait supporter avant d'avoir été expérimenté. Enfin, des cocons qui avaient été soumis à l'*absolu*, à 110 et 115 degrés centigrades de chaleur, et y étaient restés soixante heures pour s'y dessécher complètement, ont présenté, à la filature, le même phénomène d'augmentation de grosseur du brin de soie, qui avait été constaté au dévidage des grèges expérimentées antérieurement; de sorte que ces cocons, filés à quatre et cinq, donnaient une grège aussi ferme à l'œil et à la main que celle filée à cinq et six, avec des cocons venant des mêmes chambrées et des mêmes bruyères, mais n'ayant pas passé à *l'absolu*.

La non altération de la soie desséchée par le système Talabot a aussi été démontrée, en frottant avec force des matteaux d'un organsin très-fin, à l'instant même de leur sortie de l'appareil, lorsqu'ils sont encore à 108 degrés de chaleur; il ne s'en est pas détaché le plus faible atome visible de poussière. S'il y avait d'ailleurs la moindre altération, les mêmes matteaux, soumis à plusieurs dessications absolues successives, ne reviendraient point identiquement aux mêmes poids absolus.

Des soies teintes en rose, bleu de ciel, maïs, couleurs très-tendres et délicates, se sont aussi desséchées à l'*absolu* sans éprouver le moindre effet appréciable, la plus petite altération de nuance, de force ou d'élasticité.

La prise des matteaux d'essai a donné aussi de l'inquiétude au commerce, au commencement des essais : mais le soin mis à les extraire des différentes parties des ballots à conditionner a constamment produit, dans plus de cinq cents balles de soie expérimentées, les résultats les plus positifs pour prouver que dix matteaux ou échantillons, prélevés indistinctement sur toutes les parties du ballot, procurent exactement la moyenne de l'humidité de ce ballot; de sorte qu'en faisant deux opérations de dessication absolue, et additionnant les résultats des vingt matteaux, on a une moyenne parfaite.

D'après ce qui précède, et du moment qu'il était facile de calculer le poids absolu d'un ballot, il paraissait rationnel que ce poids absolu servît de base aux transactions commerciales : mais, toutes les soies perdant de 10 à 12 p. o/o de leur poids, lorsqu'on les passe à la dessication absolue, alors même qu'elles ont déjà passé vingt-quatre ou quarante-huit heures à la condition publique (ancien mode de conditionnement), il en serait résulté que les transactions, qui se basent aujourd'hui sur le poids de l'ancienne condition, auraient dû l'être, à l'avenir, sur ce poids diminué de 10 à 12 p. o/o, ce qui n'aurait pu avoir lieu sans une perturbation momentanée dans les prix courants.

On a donc jugé convenable, pour l'éviter, de faire une concession aux anciennes habitudes, en cherchant quelle quantité numérique il fallait ajouter au poids absolu, pour représenter la quantité d'humidité que conservait la soie, en moyenne de l'année, à sa sortie de l'ancienne condition, quel que fût d'ailleurs le rapport, inconnu du reste, qui pouvait exister entre cette quantité d'humidité et celle que la soie, dans un état naturel et normal, pouvait conserver, également en moyenne de l'année, exposée à l'air libre, dans une salle, pour la localité de Lyon.

Cette quantité numérique une fois trouvée, il est clair qu'en l'ajoutant au poids absolu, on arrive à un poids marchand qui ne pouvait plus amener aucune perturbation, aucun changement dans le cours des soies, le jour où le nouveau système remplaçait l'ancien.

Des expériences et des calculs comparatifs entre les résultats du nouveau et de l'ancien mode de conditionnement, appliqués aux mêmes ballots, ont conduit à faire présumer qu'en ajoutant 11 p. o/o au poids absolu d'un ballot, on obtiendrait le poids absolu ou marchand que l'on cherchait, c'est-à-dire, celui qui, au jour du changement de procédé de conditionnement, n'amènerait aucune perturbation dans les transactions. C'est cette addition de 11 p. o/o à faire au poids absolu, qui est déterminée par l'ordonnance royale du 23 avril 1841.

Avantages du nouveau mode de conditionnement.

Il est facile de reconnaître que le nouveau mode de conditionnement n'aura aucun des inconvénients de l'ancien, et qu'il donnera au moulinier probe, ainsi qu'au consommateur, les moyens de calculer rigoureusement ses prix de revient et de faire justice de la fraude.

La haute température à laquelle on expose la soie, 108 degrés centigrades, la met tout-à-fait à l'abri des variations atmosphériques et des surcharges accidentelles ou frauduleuses d'humidité. Il n'y aura plus de *bonnes fabriques*, ainsi qu'on l'a observé, mais le commerce ne s'en plaindra pas. Tous les ballots auront un poids marchand uniforme, composé du poids absolu de la soie qu'il contient, augmenté de 11 p. o/o.

La manière dont on procède et qui consiste à prélever trente échantillons sur un ballot et dans chaque partie de ce ballot, permettra toujours de le rendre de suite, ou peu d'heures après sa présentation au conditionnement; cet avantage est immense pour le fabricant et pour l'ouvrier tisseur surtout, car chaque jour que ce dernier perd est souvent la cause d'un double préjudice, ne rien gagner et dépenser inutilement.

Dans des moments de nombreux achats, les trente échantillons prélevés pour être soumis à l'*absolu* pourront rester un jour, deux jours même dans l'établissement, mais ils ne pèsent environ qu'un kilogramme, et le reste du ballot étant rendu au consommateur, il pourra le mettre en teinture et en travail. Il n'y aura donc jamais d'encombrement possible.

Les nouvelles manipulations ne pouvant plus

occasionner de *chaplé*, avarie qui contribuait à éloigner les grèges de l'ancienne condition, ces dernières pourront dorénavant subir, sans danger, les épreuves du nouveau système.

Si ce même système est introduit dans les différentes villes où il y a déjà des Conditions des soies, partout le même ballot se vendra nécessairement pour le même poids; car 108 degrés de chaleur auront partout la même action sur la soie; et sa dessication étant complète, son poids absolu sera partout le même.

Il est superflu d'ajouter des commentaires à ce simple exposé, chacun en appréciera trop bien la portée. L'expéditeur, s'il a dans sa ville, dans sa localité, une condition à l'*absolu* ou un seul appareil, pourra, d'avance, fixer le poids de facture qu'il devra recevoir lors de la vente de son ballot, sur les marchés se réglant au moyen d'un conditionnement par ce mode nouveau. Non-seulement les expéditeurs de France, mais ceux de Turin, de Milan, de Naples, etc., ont donc le plus grand intérêt, pour la régularité de leurs transactions, à profiter de la belle découverte de M. Talabot, et à faire adopter ce procédé ingénieux sur tous les marchés de production ou de consommation de la soie.

CHAMBRE DE COMMERCE DE LYON.

CONDITION PUBLIQUE DES SOIES.

EXTRAIT

DES REGISTRES DES DÉLIBÉRATIONS DE LA CHAMBRE DE COMMERCE DE LYON.

(*Séance du* 25 *novembre* 1841.)

LA CHAMBRE DE COMMERCE DE LYON,

Vu l'ordonnance du Roi du 25 avril 1841, portant :

« ART. 1er. A l'avenir, le nouveau procédé de « conditionnement des soies, ayant pour base la « dessication absolue de la soie, et adopté par la « Chambre de commerce de Lyon dans ses déli- « bérations des 17 octobre 1839 et 5 septembre « 1840, sera suivi dans la Condition publique « des soies de Lyon.

« ART. 5. Continueront de recevoir leur exé- « cution les dispositions des décrets et ordon- « nances antérieurs, non contraires à la présente « ordonnance, qui ne sera exécutoire que six mois « après sa promulgation. »

Vu la lettre de M. le Directeur de la Condition

du 25 du présent mois, par laquelle il donne avis que tous les travaux et préparatifs ayant pour objet l'établissement du nouveau procédé, sont complètement terminés ;

Vu le projet de réglement déterminant le régime intérieur de l'établissement rédigé en exécution de l'article 4 de l'ordonnance royale précitée, adopté par délibération du 30 septembre dernier, soumis le 7 octobre suivant à l'approbation de M. le Ministre du commerce ;

Considérant que le commerce et l'industrie des soies ne sauraient être trop promptement admis à jouir du bienfait de la réforme destinée à faire cesser les abus du régime supprimé ;

ARRÊTE :

Art. 1er. Le procédé du conditionnement de la soie par la dessication absolue, prescrit par l'ordonnance du Roi, du 23 avril 1841, sera mis en activité à la Condition publique des soies de la ville de Lyon, à dater du lundi 20 décembre présent mois.

Art. 2. A dater du même jour, l'exploitation aura lieu conformément au réglement d'administration et de service intérieur adopté par délibération du 30 septembre dernier, et auquel M. le Préfet sera prié de vouloir bien donner provisoirement son approbation, sauf et sans préjudice de celle de M. le Ministre du commerce.

Art. 3. Le samedi 18 décembre courant, dans

la soirée, à l'heure de la fermeture de la Condition, la Commission administrative de cet établissement s'y transportera, à l'effet d'y arrêter le registre à souche et tous autres registres, livres ou carnets servant à l'exploitation par le mode actuel.

ART. 4. Toutes les soies ou parties de soie qui se trouveraient dans les dépôts de l'établissement, au moment indiqué par l'article précédent, et qui n'auraient pas pu encore être conditionnées, resteront les premières en ordre pour le conditionnement par la dessication absolue.

ART. 5. Le présent arrêté sera préalablement soumis à l'approbation de M. le Conseiller d'État, Préfet du Rhône; il sera ensuite imprimé, ainsi que l'ordonnance royale du 23 avril 1841 et le réglement d'administration et de service intérieur du 30 septembre suivant, et affiché dans la forme en usage pour les actes de l'autorité publique.

Signé au registre : BROSSET aîné, *Président.*

TARPIN fils, *Secrétaire en l'absence.*

Vu et approuvé :

Lyon, le 4 décembre 1841,

Le Conseiller d'État, Préfet du Rhône,

H. JAYR.

ORDONNANCE DU ROI.

LOUIS-PHILIPPE, Roi des Français,

A tous présents et à venir, salut.

Sur le rapport de notre Ministre, Secrétaire d'État au département de l'agriculture et du commerce;

Vu le décret du 23 germinal an XIII, qui a institué à Lyon une Condition unique et publique pour les soies, et déterminé le mode de conditionnement à suivre dans cet établissement, ensemble les décrets des 17 avril 1806, 2 février 1809, 5 août 1813, et les ordonnances royales des 17 mars 1819, 30 août 1820 et 26 juillet 1829, qui ont successivement apporté des modifications au régime fondé par le premier des décrets précités;

Vu l'art. 14 de notre ordonnance du 16 juin 1832, qui attribue aux Chambres de commerce l'administration des établissements créés pour l'usage du commerce;

Vu les avis du Comité consultatif des arts et manufactures, des 5 février 1835 et 29 février 1840;

Vu les délibérations de la Chambre de commerce de Lyon, en date des 17 octobre 1839 et 3 septembre 1840;

Notre Conseil d'État entendu,

NOUS AVONS ORDONNÉ ET ORDONNONS ce qui suit :

ART. 1er. A l'avenir, le nouveau procédé de conditionnement des soies, ayant pour base la dessication absolue de la soie, et adopté par la Chambre de commerce de Lyon dans ses délibérations des 17 octobre 1839 et 3 septembre 1840, sera suivi dans la Condition publique des soies de Lyon.

ART. 2. Le poids de la soie, constaté par ce procédé et augmenté de 11 p. 0/0, constitue le poids marchand des ballots des soies soumises au conditionnement.

ART. 3. Provisoirement, les droits, pour le prix de la dessication des soies soumises à la nouvelle Condition, seront perçus conformément au tarif actuellement en vigueur.

ART. 4. Un réglement arrêté par notre Ministre, Secrétaire d'État de l'agriculture et du commerce, sur la proposition de la Chambre de commerce de Lyon, déterminera le régime intérieur de l'établissement.

ART. 5. Continueront de recevoir leur exécution les dispositions des décrets et ordonnances antérieurs, non contraires à la présente ordonnance, qui ne sera exécutoire que six mois après sa promulgation.

ART. 6. Notre Ministre, Secrétaire d'État au

département de l'agriculture et du commerce, est chargé de l'exécution de la présente ordonnance.

Fait au palais des Tuileries, le 23e jour du mois d'avril, l'an 1841.

LOUIS-PHILIPPE.

Par le Roi :

Le Ministre, Secrétaire d'État au département de l'agriculture et du commerce,

L. CUNIN-GRIDAINE.

***EXTRAIT** de l'arrêté de la Chambre de commerce de Lyon du 24 décembre 1829, approuvé par M. le Conseiller d'État, Préfet du Rhône, le 12 janvier 1830.*

ART. 1er. Le droit de dessication des soies est réduit, savoir:

Sur les organsins, à 8 centimes par kilogramme.

Sur les trames, à 12 centimes par kilogramme.

ART. 2. Les parties ou ballots de soie, du poids de vingt kilog. et au-dessous, continueront à acquitter un droit fixe et non proportionnel, lequel reste réglé comme il suit:

Sur les organsins, à 1 fr. 60 c. par chaque partie ou ballot, du poids ci-dessus spécifié, ou audessous.

Sur les trames, à 2 fr. 40 c.

CONDITION PUBLIQUE ET UNIQUE

DES SOIES,

Établie à Lyon par décret impérial du 23 germinal an XIII (13 avril 1805).

Nouveau procédé de conditionnement des soies, ayant pour base la dessication absolue.

(Ordonnance royale du 23 avril 1841.)

RÉGLEMENT d'administration et de service intérieur, adopté par la Chambre de commerce de Lyon, dans sa séance du 30 septembre 1841.

ARTICLE PREMIER.

Le Directeur de la Condition est logé dans l'appartement attenant à l'établissement.

Il est soumis à ne jamais s'absenter de ce domicile, sans l'autorisation préalable du président de la Chambre de commerce.

ART. 2.

Le Directeur de la Condition aura sous ses ordres, pour le service dudit établissement, neuf employés, six garçons de salle, un concierge et un chauffeur, sauf à augmenter ou diminuer ce personnel, suivant que l'expérience en indiquera le besoin.

ART. 3.

Tout ballot, pour être admis au conditionnement, devra être accompagné d'un bulletin portant son numéro, sa marque, les noms du vendeur et de l'acheteur, le nombre des masses, si c'est un ballot de trame, et son poids brut.

ART. 4.

Ce ballot, à son arrivée, recevra un numéro d'entrée à la Condition, et l'on suivra cet ordre de numéros pour le conditionnement.

ART. 5.

Le poids brut du ballot sera reconnu à une grande balance dont la série des poids devra descendre jusqu'à deux décagrammes; la tare sera pesée à une balance pour laquelle cette série descendra jusqu'à un décagramme.

ART. 6.

Pendant que deux garçons retireront la soie du ballot pesé brut, pour en faire la tare, un employé extraira les trente matteaux ou échantillons pris dans trente parties différentes, qui doivent servir au conditionnement, et il les divisera, de suite, en trois lots, de dix matteaux chacun.

ART. 7.

Après l'extraction de ces trois lots, le ballot sera rendu à son propriétaire, accompagné d'un bulletin rappelant ses numéro et marque, portant aussi son numéro d'entrée à la Condition, ses poids brut et net, les nombre et poids des échantillons gardés pour le conditionnement, et enfin son poids brut, à sa sortie de l'établissement.

ART. 8.

Les trois lots de dix matteaux ou échantillons seront immédiatement pesés à des balances de la plus grande précision, dont la série des poids devra descendre jusqu'à cinq milligrammes.

ART. 9.

Sur les trois lots gardés, deux seulement seront d'abord soumis à la dessication absolue dans des appareils séparés, chauffés à la température de 105 à 108 degrés centigrades : le troisième lot sera mis en réserve pour servir de contrôle, si cela devient nécessaire.

ART. 10.

Lorsque les *pertes au cent*, résultant de cette opération, présenteront une différence n'excédant pas *demi pour cent*, la commune du poids absolu, qu'elle présentera, servira de base à la fixation du poids absolu du ballot entier.

Lorsque cette différence excèdera *demi pour*

cent, mais ne dépassera pas *un pour cent*, le troisième lot, mis en réserve, sera soumis à la dessication absolue. Si la différence entre *sa perte au cent à l'absolu* et celle des deux autres lots n'excède pas *un pour cent*, les trois opérations d'absolu réunies serviront à établir le poids absolu total du ballot : mais, si cette différence excède *un pour cent*, les trois lots seront mis en réserve pendant vingt-quatre heures, pour être ensuite soumis de nouveau à la dessication absolue, dans des appareils différents. Le résultat de cette dernière opération sur les trente matteaux ou échantillons servira à déterminer le poids absolu du ballot.

Enfin, lorsque la différence entre les pertes au cent des deux lots de la première opération *d'absolu* excèdera *un pour cent*, ces deux lots seront mis en réserve pendant vingt-quatre heures, pour être ensuite soumis de nouveau à cette dessication, dans des appareils différents : le troisième lot y sera soumis de même, et la moyenne du résultat de cette dernière opération déterminera le poids absolu total du ballot.

Art. 11.

Un billet de Condition, signé par le Directeur, accompagnera les échantillons gardés pour le conditionnement, lorsqu'ils seront rendus à leur propriétaire. Ce billet rappellera les numéro et marque portés au premier bulletin remis ; il indiquera le nombre des échantillons soumis à la dessication absolue, leur poids, avant et après cette opération, le poids de dessication absolue du ballot total, et enfin le poids marchand.

ART. 12.

Il sera facultatif au vendeur et à l'acheteur d'assister à l'extraction des trois lots d'épreuve de leurs ballots.

ART. 13.

Tous les poids seront reconnus et relevés contradictoirement par deux employés, et leur identité sera constatée avant de les soumettre au calcul.

Tous les calculs seront également faits par deux employés, et chiffrés de deux manières différentes.

ART. 14.

Chacune des chaudières à vapeur nécessaires pour le chauffage des appareils de dessication devra être munie de deux manomètres : l'un adjacent à la chaudière, et l'autre, placé dans la salle où la vapeur sera utilisée.

Des thermomètres seront en outre placés dans des appareils de dessication, pour pouvoir en constater la température à tous les instants du travail.

ART. 15.

La Chambre de commerce renouvellera chaque mois les deux Commissaires qu'elle doit déléguer pour exercer la surveillance de la condition, à la forme de l'article 18 du décret du 23 germinal an XIII.

ART. 16.

Pendant tout le temps consacré au travail, le Directeur sera tenu de faire ouvrir à ces deux Commissaires le local de la Condition, à quelque heure qu'ils se présentent, ensemble ou séparément, pour exercer leur surveillance.

ART. 17.

Il devra y avoir, sur les bureaux de la Condition, un registre sur lequel les Commissaires délégués par la Chambre de commerce pourront constater, à chacune de leurs visites, le degré de chaleur auquel ils auront trouvé les thermomètres placés dans les appareils, et la hauteur de la colonne de mercure dans les manomètres.

ART. 18.

L'établissement sera ouvert de huit heures du matin à huit heures du soir.

Signé au registre : BROSSET aîné, *Président.*

TARPIN fils, *Secrétaire en l'absence.*

Vu et approuvé provisoirement, vu l'urgence.

Lyon, le 4 décembre 1841.

Le Conseiller d'État, Préfet du Rhône,

H. JAYR.

ADDITION

Faite à l'article 6 du réglement d'administration et de service intérieur, en vertu d'une délibération de la Chambre de commerce de Lyon du 20 janvier 1842, approuvée provisoirement, vu l'urgence, le 28 du même mois, par M. le Conseiller d'État, Préfet du Rhône.

« Lorsque le poids d'un lot de dix matteaux « excèdera cinquante-cinq décagrammes, le nom- « bre des matteaux à extraire sera réduit de ma- « nière à ne pas dépasser ce poids. »

BIBLIOTHEQUE ROYALE
I

Plan. I.

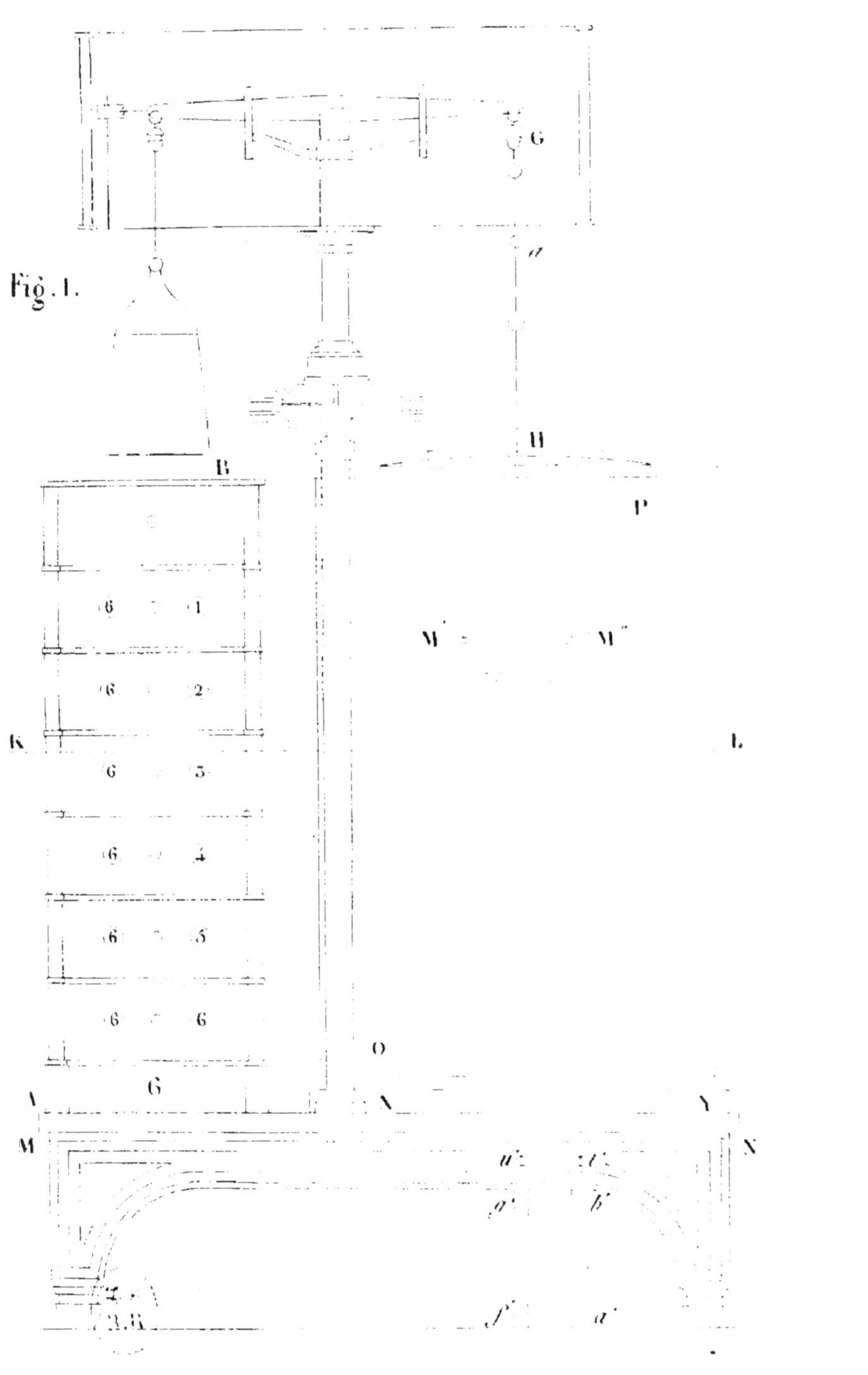

Fectin Herrmann Delineavit. Gravé par Sampierdarena.

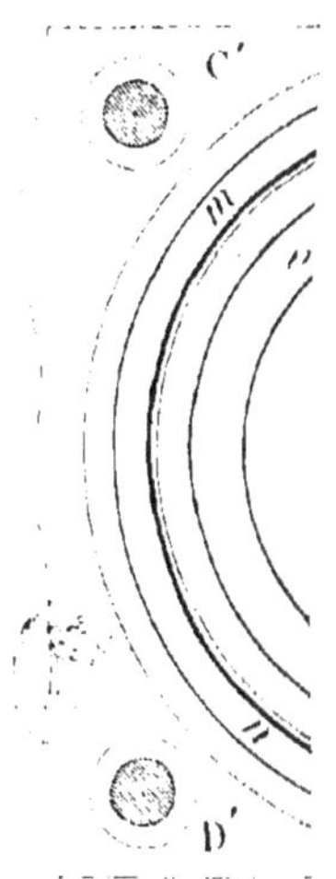

Fortin Herrmann Delineav.

Plan. II.

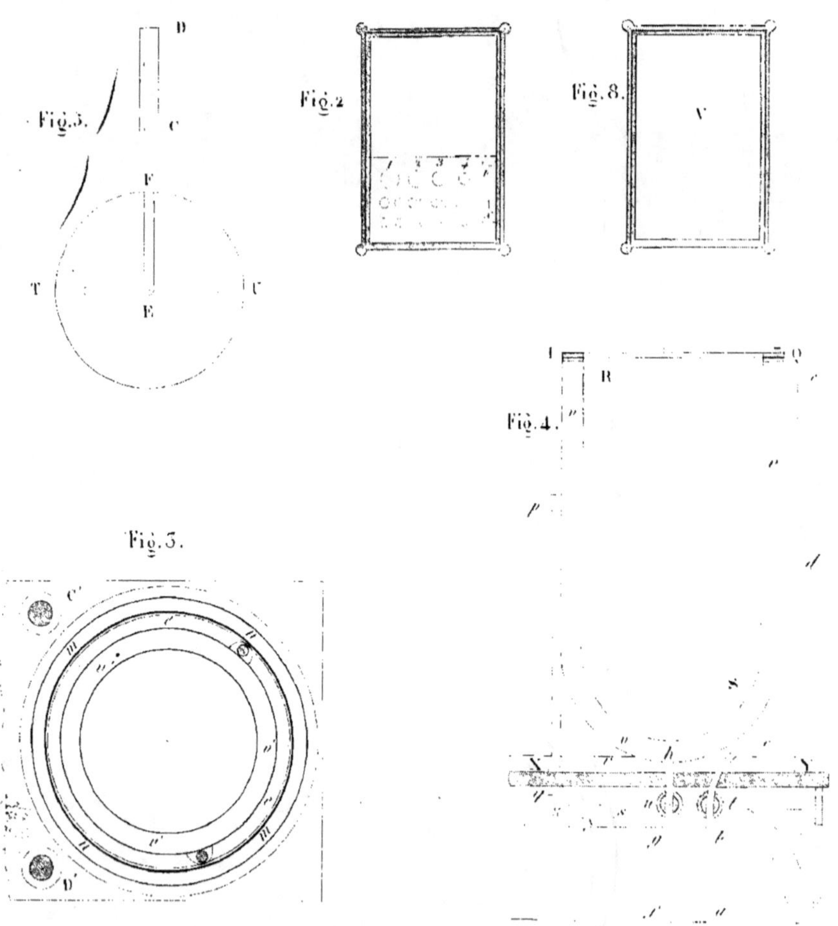

Fortin Herrmann Delineavit.

Gravé par Sampardiacre

Plan . III .

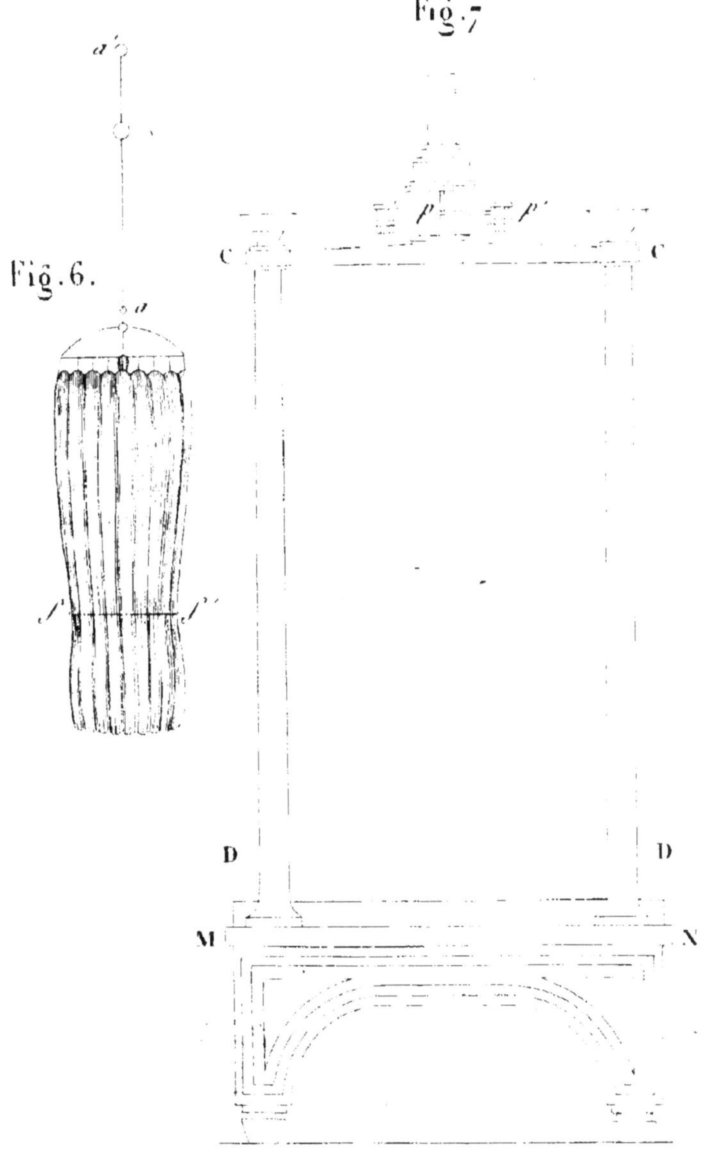

Fortin Herrmann Delineavit

Gravé par Sampierdaréna

www.ingramcontent.com/pod-product-compliance
Lightning Source LLC
LaVergne TN
LVHW012007160826
845678LV00002B/705

* 9 7 8 2 3 2 9 6 7 0 8 1 2 *